PRÉCIS DE LA THÉORIE

DES

PHÉNOMÈNES ÉLECTRO-DYNAMIQUES,

PAR M. AMPÈRE;

POUR servir de supplément à son *Recueil d'Observations électro-dynamiques* et au *Manuel d'Électricité dynamique* de M. DEMONFERRAND.

À PARIS,

CHEZ { CROCHARD, Libraire, cloître Saint-Benoît, n° 16;
Et BACHELIER, Libraire, quai des Augustins, n° 55.

1824.

On trouve chez les mêmes Libraires la *Description de l'Appareil électro-dynamique* de M. Ampère, in-8° de seize pages avec une planche.

PRÉCIS DE LA THÉORIE

DES

PHÉNOMÈNES ÉLECTRO-DYNAMIQUES.

Cet ouvrage est une rapide analyse des cinq premiers paragraphes d'un Mémoire que j'ai offert à l'Académie royale des Sciences, le 22 décembre 1823; j'avais pour but, dans ces cinq paragraphes, de déduire de la formule que j'ai donnée pour représenter l'action de deux portions infiniment petites de courans électriques, la valeur de l'action qui en résulte :

1°. Entre un élément de courant électrique et un système quelconque de courans formant des circuits fermés ou s'étendant indéfiniment dans les deux sens.

2°. Entre un élément et un seul courant formant un circuit circulaire fermé.

3°. Entre un élément et un système de courans circulaires d'un très-petit diamètre, dont les plans soient partout perpendiculaires à une ligne droite ou courbe passant par les centres des circonférences que les courans décrivent. C'est cette sorte de système, dont la forme est celle de la surface qu'on nomme ordinairement *surface canal*, que j'ai cru devoir désigner sous le nom de *solénoïde*, du mot grec σωληνοειδὴς, dérivé de σωλὴν, canal, et qui signifie précisément qui a la forme d'un canal.

4°. Entre un solénoïde et un système quelconque de courans formant des circuits fermés ou indéfinis dans les deux sens.

5°. D'abord entre deux solénoïdes, puis entre un système composé d'une multitude de solénoïdes très-courts situés à des points déterminés, et un élément de courant électrique, ou un autre système composé de même d'une multitude de solénoïdes semblables aux premiers.

Le sixième paragraphe de ce Mémoire se composait de détails relatifs à la nature du courant électrique et de ce qu'on nomme *l'action électro-motrice ;* à la théorie de l'action chimique de l'électricité, déduite de l'état électrique permanent des particules des corps d'après les principes que j'ai établis dans une lettre que j'écrivis, en 1822, à M. Van-Beck (1), et à d'autres recherches sur la théorie physique des phénomènes électro-dynamiques : je ne parlerai point ici de ces divers objets, parce que je me propose de leur donner un plus grand développement dans un autre Mémoire ; on trouve d'ailleurs quelques-uns des principaux résultats de ce dernier paragraphe dans les *Annales de Chimie*, tome XXV, pages 89 et 90.

§ I. *Action d'un système de courans formant des circuits fermés ou s'étendant indéfiniment, dans les deux sens, sur un élément de courant électrique.*

Soit BMm (fig. 1) une portion de courant électrique appartenant à un système de courans fermés ou indéfinis dans les deux sens ; désignons par i l'intensité

---

(1) *Recueil d'observations électro-dynamiques*, pag. 173-177.

du courant qui la parcourt, par ds un de ses élémens Mm, par ds' l'élément ab sur lequel elle agit, et par i' l'intensité du courant de cet élément, par r la distance AM, par β l'angle bAM, par n l'exposant de la puissance de la distance à laquelle l'action électro-dynamique est réciproquement proportionnelle quand cette distance varie seule, et enfin, par k un nombre égal à $\frac{1-n}{2}$; supposons que l'action exercée par l'élément Mm sur l'élément ab suivant AM soit décomposée en deux forces dirigées, l'une suivant Ab, l'autre suivant la perpendiculaire AE élevée sur Ab dans le plan bAM; la première de ces forces, d'après la forme que j'ai donnée à ma formule dans la Note que j'ai lue à l'Académie le 24 juin 1822, sera exprimée par $\frac{1}{2}\, ii'\, ds'\, d\, (r^{2k} \cos.^2 \beta)$ (1), et la seconde par $\frac{1}{2}\, ii'\, ds' \tan g.\, \beta\, d\, (r^{2k} \cos.^2 \beta)$. En intégrant la première dans toute l'étendue du système, on trouve une intégrale nulle, comme je l'ai remarqué dans cette Note, d'où il suit que l'action totale est perpendiculaire à ab, et que si on la décompose en deux autres, l'une dans un plan bAG passant par ab, l'autre perpendiculairement à ce plan, la première sera dirigée suivant la perpendiculaire AG, élevée sur ab dans le même plan.

En nommant σ l'angle des deux plans bAM, bAG, cette force s'obtiendra en multipliant la composante perpendiculaire à ab dans le plan bAM par cos. σ, et

(1) *Recueil d'Observations électro-dynamiques*, p. 316 ; et dans les *Annales de Chimie*, t. XX, p. 419.

en intégrant le produit dans toute l'étendue du système. Déterminons la position de la droite AM par l'angle $MAN = \psi$ qu'elle forme avec sa projection AN sur le plan bAG, et par l'angle $bAN = \varphi$ de cette projection avec la direction de l'élément ab, le triangle sphérique rectangle QOR nous donnera tang. $\varphi =$ tang. β cos. σ et cos. $\beta =$ cos. φ cos. ψ, d'où il suit que la force suivant AG est exprimée par

$$\tfrac{1}{2} ii' ds' \int \text{tang } \varphi \, d\,(r^{2k} \cos.^2 \varphi \cos.^2 \psi),$$

en faisant l'intégration par partie, et supprimant le terme qui s'évanouit, pour les circuits fermés parce que les angles φ et ψ diffèrent, aux deux limites, d'une circonférence entière, et pour les circuits indéfinis dans les deux sens parce que $2k$ est négatif (1), on trouve, pour la valeur de la force dirigée suivant AG

$$-\tfrac{1}{2} ii' ds' \int r^{2k} \cos.^2 \varphi \cos.^2 \psi \, d \text{ tang. } \varphi,$$

ou

$$-\tfrac{1}{2} ii' ds' \int \frac{\overline{AN}^2 \, d\varphi}{r^{n+1}},$$

à cause qu'on a

$$2k = 1 - n, \ \cos.\psi = \frac{AN}{r}, \text{ et } d \text{ tang. } \varphi = \frac{d\varphi}{\cos.^2 \varphi}.$$

Si l'on fait attention que $\frac{1}{2} \overline{AN}^2 \, d\varphi$ est l'aire élémentaire NAn, projection sur le plan bAG du secteur infiniment petit MAm, qui a pour base l'élément $Mm = ds$ et pour côtés les deux rayons vecteurs AM,

---

(1) *Recueil d'Observations électro-dynamiques*, note de la page 317.

Am, on verra aisément que cette force est proportionnelle à la somme des projections de ces aires sur ce plan, divisées respectivement par la puissance $n+1$ du rayon vecteur correspondant à chaque aire; et qu'en supposant que le plan bAG reste fixe, cette force a toujours la même valeur, quelle que soit la direction de l'élément dans ce plan : nous la désignerons sous le nom d'*action exercée dans le plan* bAG. L'invariabilité de cette action, lorsqu'on donne successivement à l'élément différentes directions dans le même plan, montre que si celle que la terre exerce sur un conducteur mobile dans un plan fixe est produite par des courans électriques formant des circuits fermés, et dont les distances au conducteur sont assez grandes pour être considérées comme restant les mêmes lorsqu'il se meut dans ce plan, elle aura toujours la même valeur dans les différentes positions que prendra successivement le conducteur, parce que les actions exercées sur chacun des élémens du conducteur restant toujours les mêmes et toujours perpendiculaires à ces élémens, leur résultante ne pourra varier ni dans sa grandeur ni dans sa direction relativement au conducteur. Cette direction changera d'ailleurs dans le plan fixe en y suivant le mouvement du conducteur : c'est en effet ce qu'on observe à l'égard d'un conducteur mobile dans un plan horizontal, et qu'on dirige successivement dans divers azimuths.

On peut vérifier ce résultat par l'expérience suivante : dans un disque de bois $ABCD$ (fig. 2), on creuse au tour une rigole circulaire $KLMN$ dans laquelle on place deux vases en cuivre KL, MN de même forme, et qui occupent chacun presque la demi-circonférence de la rigole, de manière cependant qu'il reste entr'eux deux intervalles *KN*, *LM*, qu'on remplit d'un mastic isolant; à chacun de ces vases sont soudées les deux lames de cuivre *PQ*, *RS*, incrustées dans le disque et qui portent les coupes *X*, *Y*, destinées à mettre, au moyen du mercure qu'elles contiennent, les vases *KL*, *MN*, en communication avec les rhéophores d'une très-forte pile; dans le disque est incrustée une autre lame *TO* portant la coupe *Z*, où l'on met aussi un peu de mercure, et qui est soudée au centre *O* de ce disque à une tige verticale sur laquelle est soudée une quatrième coupe *U*, dont le fond est garni d'un morceau de verre ou d'agate pour rendre plus mobile le sautoir dont nous allons parler, mais dont les bords sont assez élevés pour être en communication avec le mercure qu'on met dans cette coupe; elle reçoit la pointe *V* (fig. 3) qui sert de pivot au sautoir *FGHI*, dont les branches *EG*, *EI* sont égales entre elles et soudées en *G* et *I* aux lames *gh*, *if* qui plongent dans l'eau acidulée des vases *KL*, *MN*, lorsque la pointe *V* repose sur le fond de la coupe *U*, et qui sont attachées par leurs autres extrémités *h*, *f* aux branches *EH*, *EF*, sans communiquer avec elles. Ces deux lames sont égales et semblables, et pliées en arcs de cercle d'environ 90°. Lorsqu'on plonge les rhéophores, l'un dans la coupe *Z*, l'autre dans l'une des deux coupes *X* ou *Y*, le courant ne passe que par une des branches du sautoir, et l'on voit celui-ci tourner sur la pointe *V* par l'action de la terre, de l'est à l'ouest par le midi quand le courant va de la circonférence au centre, et dans le sens contraire quand il va du centre à la circonférence (*Recueil d'Observations électro-dynamiques,* pag. 284). Mais lorsqu'on les plonge dans les coupes X et Y, le courant parcourant en sens contraires les deux branches EG, EI, le sautoir reste immobile dans quelque situation qu'on l'ait placé, quand, par exemple, une des branches est parallèle et l'autre perpendiculaire au méridien magnétique, et cela lors même qu'en frappant légèrement sur le disque $ABCD$ on augmente par les petites secousses qui en résultent la mobilité de l'instrument. En pliant un peu les branches du sautoir autour du point E, on peut leur faire faire différens angles, et le résultat de l'expérience est toujours le même. Il s'ensuit évidemment que la force avec laquelle la terre agit sur une portion de conducteur perpendiculairement à sa direction pour le mouvoir dans un plan horizontal, et, par conséquent, dans un plan donné de position à l'égard du système des courans terrestres, est la même quelle que soit la direction, dans ce plan, de la portion de conducteur, ce qui est précisément le résultat de calcul qu'il s'agissait de vérifier.

Il est bon de remarquer que l'action des courans de l'eau acidulée sur leurs prolongemens dans les lames gh, if ne trouble en aucune manière l'équilibre de l'appareil; car, d'après l'explication que j'ai donnée il y a long-temps (*Recueil d'Observations électro-dynamiques*, pages 243 et 244) de l'expérience par laquelle M. Savary a constaté que les courans qui ont lieu dans l'eau acidulée agissent comme ceux qui ont lieu dans un fil métallique, il est aisé de voir que l'action dont il est ici question tend à faire tourner la lame gh autour de la pointe V dans le sens hxg, et la lame if dans le sens fyi, d'où résulte, à cause de l'égalité de ces lames, deux momens de rotation égaux et de signes contraires qui se détruisent.

Si l'on représente par U le double de la somme des projections sur le plan bAG (fig. 1) des aires infiniment petites de tout le système divisées respectivement par la puissance $n+1$ des distances, à laquelle la force qu'il exerce dans ce plan sur l'élément ab est proportionnelle, et qu'on désigne par ξ, η, ζ, les angles que forme avec trois axes rectangulaires la perpendiculaire AH au plan bAG, et par A, B, C les doubles sommes semblables relatives aux plans coordonnés, on aura par un théorème connu sur les projections des aires

$$U = A\cos.\xi + B\cos.\eta + C\cos.\zeta;$$

d'où il suit que la force exercée par le système sur l'élément dans le plan bAG, que nous avons trouvée égale à $-\frac{1}{2}ii'Uds'$, est exprimée par

$$-\tfrac{1}{2}ii'ds'(A\cos.\xi + B\cos.\eta + C\cos.\zeta).$$

Faisant $\sqrt{A^2+B^2+C^2}=D$, et nommant ξ', η', ζ' les angles dont les cosinus sont respectivement

$$\frac{A}{D},\ \frac{B}{D},\ \frac{C}{D},$$

la dernière expression deviendra

$$-\tfrac{1}{2}Dii'ds'(\cos.\xi\cos.\xi' + \cos.\eta\cos.\eta' + \cos.\zeta\cos.\zeta').$$

Soit AD (fig. 4) la droite qui fait avec les axes les angles ξ', η', ζ', et ψ' l'angle DAK qu'elle fait avec sa projection AK sur le plan bAG, on aura

$$-\tfrac{1}{2}ii'Uds' = -\frac{Dii'ds'}{2}\cos.HAD,$$

c'est-à-dire

$$- \frac{D i i' ds}{2} \sin. \psi'.$$

Une remarque importante à faire, c'est que la direction de AD étant déterminée uniquement par les intégrales A, B, C, est indépendante de la direction de l'élément ab. De plus, l'action dans un plan quelconque est proportionnelle au sinus de l'angle ψ' que fait AD avec ce plan, et par conséquent elle est nulle dans le plan bAD qui passe par AD et par l'élément ab.

Cette dernière conséquence démontre que la résultante totale des actions exercées sur ab par des circuits fermés est perpendiculaire au plan bAD. Cette résultante étant à la fois perpendiculaire à ab et AD changera de direction en même temps que l'élément ab, mais restera toujours perpendiculaire à AD, et ne sortira pas par conséquent du plan mené par A perpendiculairement sur AD, et auquel je donnerai le nom de *plan directeur.* Pour connaître la valeur de cette résultante, il suffira de supposer que le plan bAG devienne perpendiculaire à bAD, et l'action dans ce plan sera précisément la résultante cherchée. ψ' devient alors l'angle bAD que je désignerai par ε; l'expression

$$- \frac{D i i' ds'}{2} \sin. \psi'$$

se trouve alors à son *maximum* et donne pour la valeur de la résultante

$$- \frac{D i i' ds'}{2} \sin. \varepsilon.$$

Cette valeur est proportionnelle au sinus de l'angle de

AD avec l'élément ab, d'où l'on conclut facilement que la résultante est nulle dans le cas seulement où l'angle ε est égal à zéro ou à π, c'est-à-dire, lorsque l'élément ab est en ligne droite avec AD; et qu'elle est la plus grande possible quand on a

$$\varepsilon = \frac{\pi}{2},$$

c'est-à-dire, quand l'élément ab est dans un plan perpendiculaire à AD, sa valeur est alors

$$-\frac{D\,ii'\,ds'}{2}.$$

Il est à remarquer que si, au lieu de considérer l'action de l'élément Mm sur ab, comme une force dirigée suivant la droite qui joint ces deux élémens, et dont l'expression est $ii'\,ds'\,r^k\,d\,(r^k \cos.\beta)$, on regardait cette action comme un phénomène compliqué d'où résulterait seulement sur ab une force dirigée suivant la perpendiculaire élevée dans le plan bAM à la direction de ab, et dont la valeur serait $ii'\,ds'\,r^k \sin.\beta\,d\,(r^k \cos.\beta)$, ou

$$\tfrac{1}{2}\,ii'ds'\left(d\,\frac{\sin.\beta\cos.\beta}{r^{n-1}} - \frac{d\beta}{r^{n-1}}\right)\ (1),$$

on trouverait encore que l'action exercée par un système de courans fermés ou indéfinis dans les deux sens, sur l'élément ab dans un plan quelconque bAG passant par ab, serait encore perpendiculaire à cet élément et égale à

$$-\frac{ii'\,ds'}{2}\int\frac{\overline{AN}^2\,d\varphi}{r^{n+1}};$$

(1) *Recueil d'Observations électro-dynamiques*, p. 331.

en sorte que tous les résultats que nous venons d'obtenir subsisteraient, et tant qu'il ne s'agirait que de l'action mutuelle de courans électriques fermés ou indéfinis dans les deux sens, les phénomènes seraient également bien représentés par cette hypothèse; mais il suffit de faire agir des portions de courans électriques qui ne forment pas des circuits fermés pour observer des faits qui sont en contradiction avec elle, et s'accordent, au contraire, parfaitement avec la force dirigée suivant la ligne qui joint les milieux des deux élémens entre lesquels elle s'exerce, et dont la valeur est telle que la donne ma formule.

C'est ce qu'on démontre de la manière la plus complète par une expérience due à M. Savary, et que j'ai publiée depuis long-temps dans mon recueil d'Observations électro-dynamiques, pag. 243 et 244, en y remplaçant la spirale en fil de cuivre qui y est décrite par une lame circulaire. Cette lame *ABC* (fig. 5) forme un arc de cercle presque égal à une circonférence entière; mais ses extrémités *A* et *C* sont séparées l'une de l'autre par un morceau *D* d'une substance isolante. On met une de ces extrémités, *A* par exemple, en communication avec un des rhéophores par la pointe *O* qu'on place dans la coupe *S* (fig. 6) pleine de mercure; cette pointe *O* (fig. 5) communique avec l'extrémité *A* par le fil de cuivre *AEQ* dont le prolongement *QF* soutient en *F* la lame *ABC* par un anneau de substance isolante, qui entoure en ce point le fil de cuivre. Lorsque la pointe *O* repose sur le fond de la coupe *S* (fig. 6), la lame *ABC* (fig. 5) plonge dans l'eau acidulée contenue dans le vase de cuivre *MN* (fig. 6) qui communique avec l'autre rhéophore; on voit alors tourner cette lame dans le sens CBA, et pourvu que la pile soit assez forte, le mouvement reste toujours dans ce sens lorsqu'on renverse les communications avec la pile, en changeant réciproquement les deux rhéophores de la coupe P à la coupe R, ce qui prouve que ce mouvement n'est point dû à l'action de la terre, et ne peut venir que de celle que les courans de l'eau acidulée exercent sur le courant de la lame circulaire ABC, action qui est toujours répulsive, ainsi que je l'ai expliqué dans le passage de mon Recueil cité plus haut, parce que si GH représente un des courans de l'eau acidulée qui se prolonge en HK dans la lame ABC, quel que soit le sens de ce courant, il parcourra évidemment l'un des côtés de l'angle GHK en s'approchant, et l'autre en s'éloignant du sommet H. Mais il faut, pour que le mouvement qu'on observe dans ce cas ait lieu, que la répulsion entre deux élémens, l'un en I et l'autre en L, ait lieu suivant la droite IL, oblique à l'arc ABC, et non suivant la perpendiculaire LT à l'élément situé en L, car la direction de cette perpendiculaire rencontrant la verticale menée par le point O autour de laquelle la partie mobile de l'appareil est assujettie à tourner, une force dirigée suivant cette perpendiculaire ne pourrait lui imprimer aucun mouvement de rotation.

Je viens de dire que quand on veut s'assurer que le mouvement de cet appareil n'est pas produit par l'action de la terre en constatant qu'il continue d'avoir lieu dans le même sens quand on renverse les communications avec la pile en changeant les rhéophores de coupes, il fallait employer une pile qui fût assez forte; il est impossible, en effet, dans cette disposition du conducteur mobile, d'empêcher la terre d'agir sur le fil vertical *AE* pour le porter à l'ouest quand le courant y est ascendant, à l'est quand le courant y est descendant, et sur le fil horizontal *EQ* pour le faire tourner autour de la verticale passant par le point *O*, dans le sens direct est, sud, ouest, quand le courant va de *E* en *Q*, en s'approchant du centre de rotation, et dans le sens rétrograde ouest, sud, est, quand il va de *Q* en *E*, en s'éloignant du même centre (1). La première de ces deux actions est peu sensible, lors du moins qu'on ne donne au fil vertical *AE* que la longueur nécessaire pour la stabilité du conducteur mobile sur sa pointe *O*; mais la seconde est déterminée par les dimensions de l'appareil, et comme elle change de sens lorsqu'on renverse les communications avec la pile, elle s'ajoute dans un ordre de communications avec l'action exercée par les courans de l'eau acidulée et s'en retranche dans l'autre; c'est pourquoi le mouvement observé est toujours plus rapide dans un cas que dans l'autre : cette différence est d'autant plus marquée que le courant produit par la pile est plus faible, parce qu'à mesure que son intensité diminue, l'action électro-dynamique étant, toutes choses égales d'ailleurs, comme le produit des intensités des deux portions de courans qui agissent l'une sur l'autre, cette action entre les courans de l'eau acidulée et ceux de la lame *ABC* (fig. 5) diminue comme le carré de leur intensité, tan-

(1) *Voyez*, sur ces deux sortes d'actions exercées par le globe terrestre, ce qui est dit dans mon *Recueil d'Observations électro-dynamiques*, pages 280-284.

dis que l'intensité des courans terrestres restant la même, leur action sur ceux de cette lame ne devient moindre que proportionnellement à la même intensité : à mesure que l'énergie de la pile diminue, l'action du globe devient de plus en plus près de détruire celle des courans de l'eau acidulée dans la disposition des communications avec la pile où ces actions sont opposées, et l'on voit, lorsque cette énergie est devenue très-faible, l'appareil s'arrêter dans ce cas, et le mouvement se produire ensuite en sens contraire; alors l'expérience conduirait à une conséquence opposée à celle qu'il s'agissait d'établir, puisque l'action de la terre devenant prépondérante, on pourrait méconnaître l'existence de celle des courans de l'eau acidulée. Au reste, la première de ces deux actions est toujours nulle sur la lame circulaire ABC, parce que la terre agissant comme un système de courans fermés, la force qu'elle exerce sur chaque élément étant perpendiculaire à la direction de cet élément, passe par la verticale menée par le point O, et ne peut, par conséquent, tendre à faire tourner autour d'elle le conducteur mobile.

§ II. *Intégrations des Formules précédentes dans le cas où le système se réduit à un seul courant circulaire fermé.*

Lorsque le système n'est composé que d'un seul courant parcourant une circonférence de cercle d'un rayon quelconque m, on simplifie le calcul en prenant, pour le plan des xy, le plan mené par l'origine des coordonnées, c'est-à-dire, par le milieu A de l'élément ab (fig. 7) parallèlement à celui du cercle; et pour le plan des xz celui qui est mené perpendiculairement au plan du cercle par la même origine et par le centre O.

Soient p et q les coordonnées de ce centre O; supposons que le point C soit la projection de O sur le plan des xy, N celle d'un point quelconque M du cercle, et nommons ω l'angle ACN; si l'on abaisse NP perpendiculairement sur AX, les trois coordonnées x, y, z du point M seront MN, NP, AP; et l'on trouvera facilement pour leurs valeurs

$$z=q,\ y=m\sin.\omega,\ x=p-m\cos.\omega.$$

Mais il est aisé de voir que les quantités que nous avons désignées par A, B, C sont respectivement égales à

$$\int\frac{y\,dz-z\,dy}{r^{n+1}},\ \int\frac{z\,dx-x\,dz}{r^{n+1}},\ \int\frac{x\,dy-y\,dx}{r^{n+1}};$$

on a donc

$$A=-mq\int\frac{\cos.\omega\,d\omega}{r^{n+1}},$$

$$B=mq\int\frac{\sin.\omega\,d\omega}{r^{n+1}},$$

$$C=mp\int\frac{\cos.\omega\,d\omega}{r^{n+1}}-m^2\int\frac{d\omega}{r^{n+1}}.$$

Si l'on intègre par partie ceux de ces termes qui contiennent $\sin.\omega$ et $\cos.\omega$, en faisant attention que $r^2=x^2+y^2+z^2=q^2+p^2+m^2-2mp\cos.\omega$ donne

$$dr=\frac{mp\sin.\omega\,d\omega}{r};$$

et en supprimant les termes qui sont nuls parce que ces intégrales doivent être prises depuis $\omega=0$ jusqu'à $\omega=2\pi$, la valeur de U,

$$U = A\cos.\xi + B\cos.\eta + C\cos.\zeta$$

deviendra

$$U = m^2\left\{(n+1)\,(p^2\cos.\zeta - pq\cos.\xi)\int\frac{\sin.^2\omega d\omega}{r^{n+3}} - \cos.\zeta\int\frac{d\omega}{r^{n+1}}\right\}.$$

Or, l'angle ξ peut être exprimé au moyen de ζ; car, en désignant par h la perpendiculaire OK abaissée du centre O sur le plan bAG, on aura $h = q\cos.\zeta + p\cos.\xi$; d'où il est aisé de voir que la valeur de U peut s'écrire ainsi

$$U = m^2\left\{(n+1)[(p^2+q^2)\cos.\zeta - hq]\int\frac{\sin.^2\omega d\omega}{r^{n+3}} - \cos.\zeta\int\frac{d\omega}{r^{n+1}}\right\}.$$

Le calcul de cette valeur est bien simple dans le cas où le rayon m est très-petit par rapport à la distance l de l'origine A au centre O; car, si on la développe en série suivant les puissances de m, on verra que quand on néglige les puissances de m supérieures à 3, les termes en m^3 s'évanouissent entre les limites $0, 2\pi$, et que ceux en m^2 s'obtiennent en remplaçant r par $l = \sqrt{p^2+q^2}$; il ne reste alors qu'à calculer les valeurs de

$\int\sin.^2\omega\, d\omega$ et de $\int d\omega$ depuis $\omega = 0$ jusqu'à $\omega = 2\pi$; ce qui donne π pour la première, et 2π pour la seconde: la valeur de U se réduit donc à

$$U = \pi m^2\left\{\frac{(n-1)\cos.\zeta}{l^{n+1}} - \frac{(n+1)hq}{l^{n+3}}\right\}.$$

Les divers résultats exposés dans ces deux paragraphes peuvent être considérés comme de simples conséquences de deux d'entre eux qu'on doit regarder comme servant de base à toute cette théorie, savoir : 1°. que la résultante des actions exercées sur un élément de courant électrique, par un système de courans fermés ou indéfinis dans les deux sens, est proportionnelle à la somme des aires des secteurs infiniment petits, dont les sommets sont tous au milieu de l'élément et qui ont pour bases les petits arcs des courans du système, divisées respectivement par les puissances $n+1$ des distances et projetées sur celui de tous les plans qui passent par la direction de l'élément $ab=ds'$ pour lequel cette somme est la plus grande possible; 2°. que c'est dans ce plan qu'est dirigée la résultante perpendiculairement à l'élément, en sorte que la détermination du plan qui satisfait à cette condition entraîne celle de la résultante, tant en grandeur qu'en direction (A). Ces mêmes résultats sont indépendans de la valeur qu'on donne à l'exposant de la puissance de la distance à laquelle on suppose que l'action électro-dynamique est réciproquement proportionnelle quand cette distance varie sans que les élémens de courans électriques entre lesquels elle s'exerce changent de direction. Il n'en est pas de même des résultats dont je m'occupe dans le reste de mon Mémoire, et qui sont relatifs au cas où le système de courans formant des circuits fermés dont nous venons d'examiner les propriétés devient un solénoïde électro-dynamique tel que je l'ai défini plus haut; ceux-ci n'ont lieu que dans deux cas, dans celui de la nature, c'est-à-dire, lorsqu'on admet que l'action électro-dynamique est réciproquement proportionnelle au carré de la distance quand elle varie seule, et dans le cas où l'on supposerait la même action directement proportionnelle à la distance. Ils sont dus, la plupart, à M. Savary, qui les a d'abord obtenus pour un cylindre électro-dynamique et ensuite pour un solénoïde quelconque (1). La nouvelle démonstration que j'en donne s'applique directement au solénoïde, et comprend ainsi le cas où il s'agit d'un cylindre, qui n'est qu'une espèce particulière de solénoïde.

§ III. *Action d'un solénoïde sur un élément de courant électrique.*

Dans les calculs du paragraphe précédent, nous avons supposé au cercle décrit par le courant électrique une position particulière relativement aux axes; mais pour calculer l'action exercée par un système de courans circulaires, tel que celui auquel j'ai donné le nom de *solénoïde*, il faut déterminer les diverses positions de ces courans en les rapportant à des axes relativement auxquels ils soient situés conformément à la nature du système, et voir ce que devient alors la formule ci-dessus.

Dans ces calculs ζ désignait l'angle de la perpendiculaire au plan du cercle avec la normale au plan dans lequel on veut en calculer l'action. Si donc on considère un quelconque des courans circulaires du solénoïde, qu'on nomme x, y, z, les coordonnées de son centre, l exprimant toujours la distance AM (fig. 8) de ce centre à l'origine A, et qu'on cherche les actions qu'exerce ce courant dans chacun des trois plans coordonnés, les normales à ces plans seront respectivement les axes des x, des y et des z;

---

(1) *Mémoire sur l'Application du calcul aux phénomènes électro-dynamiques*, par M. Savary. Chez Bachelier, libraire, quai des Augustins, n° 55. *Voyez* les *Annales de Chimie et de Physique*, t. XXII, pag. 91-100, et t. XXIII, pag. 413-415.

la perpendiculaire au plan du cercle sera la tangente à la directrice $L'ML''$ du solénoïde, c'est-à-dire, à la ligne droite ou courbe qui passe par les centres de tous les courans circulaires dont il se compose, et les valeurs de cos. ζ relatives à ces trois cas seront

$$\frac{dx}{ds}, \frac{dy}{ds}, \frac{dz}{ds}.$$

Quant à la quantité désignée par q, qui est la perpendiculaire abaissée du milieu de l'élément sur le plan du cercle, elle est évidemment égale à la somme des projections des coordonnées x, y, z, sur la tangente à la directrice du solénoïde, de sorte qu'on a

$$q = x\frac{dx}{ds} + y\frac{dy}{ds} + z\,\frac{dz}{ds} = \frac{ldl}{ds}.$$

Enfin h étant la perpendiculaire abaissée du centre du cercle sur le plan sur lequel on projette l'action, cette perpendiculaire sera successivement égale à x, à y ou à z, suivant qu'on cherchera l'action exercée par le système dans le plan des yz, dans celui des xz ou dans celui des xy.

Considérons d'abord la somme des projections des aires sur le plan des yz divisées respectivement par les puissances $n+1$ des distances, nous trouverons, pour un seul courant circulaire, que cette somme est égale à

$$\pi m^2 \left\{ \frac{(n-1)\frac{dx}{ds}}{l^{n+1}} - \frac{(n+1)x\frac{dl}{ds}}{l^{n+2}} \right\}.$$

Soit maintenant g la distance de deux courans circulaires consécutifs, leur nombre dans l'intervalle $Mm = ds$

sera $\frac{ds}{g}$, et comme ils peuvent être considérés comme parallèles et également distans de l'origine A, ils exerceront des forces égales, dont la somme s'obtiendra en multipliant la première par leur nombre $\frac{ds}{g}$, ce qui donnera pour cette somme relativement à l'élément ds du solénoïde

$$\frac{\pi m^2}{g}\left\{\frac{(n-1)\,dx}{l^{n+1}}-\frac{(n+1)\,x\,dl}{l^{n+2}}\right\}.$$

En intégrant cette expression dans toute l'étendue du solénoïde, et en faisant cette opération par partie sur son premier terme

$$\frac{(n-1)\,dx}{l^{n+1}},$$

on aura la valeur de A, savoir

$$A=\frac{\pi m^2}{g}\left\{\frac{(n-1)\,x}{l^{n+1}}+(n^2-n-2)\int\frac{x\,dl}{l^{n+2}}\right\}$$

On trouvera des valeurs semblables pour B et pour C.

Il est facile de déterminer la constante n dans ces expressions d'après les expériences de MM. Gay-Lussac et Velter, H. Davy, Erman, expériences qui ont montré que l'action exercée sur ds' est nulle quand le solénoïde a pour directrice une courbe fermée; car alors le premier terme de chacune d'elles disparaît aux limites, et le second doit par conséquent s'évanouir lui-même: mais comme il faut que cela ait lieu, quelle que soit la nature de la courbe fermée qui passe par les centres de tous les courans circulaires du solénoïde, et qu'on pourrait toujours supposer entre les coordonnées et la distance l des relations telles que l'intégrale contenue dans ce second terme ne fût pas nulle entre les limites, on a nécessairement $n^2-n-2=0$, ce qui donne les deux valeurs $n=2$, $n=-1$.

L'expérience que j'ai déjà citée au sujet du signe de k, montrant que celle de n ne peut être négative, il s'ensuit qu'on ne peut avoir que $n=2$; les valeurs de A, B, C se trouvent ainsi réduites à leurs premiers termes, et en prenant les intégrales exprimées par ces premiers termes entre des limites quelconques depuis x', y', z', l', jusqu'à x'', y'', z'', l'', on trouve, à cause de $n=2$.

$$A=\frac{\pi m^2}{g}\left(\frac{x''}{l''^3}-\frac{x'}{l'^3}\right),$$

$$B=\frac{\pi m^2}{g}\left(\frac{y''}{l''^3}-\frac{y'}{l'^3}\right),$$

$$C=\frac{\pi m^2}{g}\left(\frac{z''}{l''^3}-\frac{z'}{l'^3}\right).$$

Si le solénoïde s'étendait à l'infini dans les deux sens, tous les termes de ces valeurs de A, B, C deviendraient nuls : l'action exercée par un tel solénoïde se réduit donc alors à zéro, comme dans le cas où il aurait pour directrice une courbe fermée. Si nous supposons qu'il ne s'étende à l'infini que dans un seul sens, ce que j'exprimerai en lui donnant alors le nom de *solénoïde indéfini*, nous n'aurons à considérer que l'extrémité dont les coordonnées x', y', z' ont des valeurs finies, car l'autre extrémité étant supposée à une distance infinie, les premiers termes de celles que nous venons de trouver pour A, B, C sont nécessairement nuls; nous aurons ainsi

$$A=-\frac{\pi m^2 x'}{g\,l'^3},\quad B=-\frac{\pi m^2 y'}{g\,l'^3},\quad C=-\frac{\pi m^2 z'}{g\,l'^3};$$

donc $A:B:C::x':y':z'$, d'où il suit qu'en faisant toujours $D=\sqrt{A^2+B^2+C^2}$, la normale au plan directeur, qui passe par l'origine et forme avec les axes des angles dont les cosinus sont

$$\frac{A}{D}, \frac{B}{D}, \frac{C}{D},$$

passe aussi par l'extrémité du solénoïde dont les coordonnées sont x', y', z'.

Nous avons vu que dans le cas général la résultante totale est perpendiculaire sur cette normale; ainsi l'action d'un solénoïde indéfini sur un élément est perpendiculaire à la droite qui joint le milieu de cet élément à l'extrémité du solénoïde, et comme elle doit aussi être perpendiculaire à l'élément, elle le sera au plan mené par cet élément et par l'extrémité du solénoïde.

Sa direction étant déterminée, il ne reste plus qu'à en connaître la valeur : or, le calcul fait dans le cas général a donné précédemment pour cette valeur

$$-\frac{D\,i\,i'\,ds'\,\sin.\varepsilon'}{2},$$

ε' étant l'angle de l'élément ds' avec la normale au plan directeur, et comme $D=\sqrt{A^2+B^2+C^2}$, on trouvera aisément

$$D=-\frac{\pi m^2}{g\,l'^2},$$

et la valeur de la résultante deviendra

$$\frac{\pi m^2\,i\,i'\,ds'\,\sin.\varepsilon'}{2g\,l'^2}.$$

On voit donc que l'action qu'un solénoïde indéfini dont

l'extrémité est en L' (fig 8) exerce sur l'élément ab, est normale en A au plan bAL', proportionnelle au sinus de l'angle bAL' et en raison inverse du carré de la distance AL', et qu'elle reste toujours la même quelles que soient la forme et la direction de la courbe indéfinie $L'L''O$ sur laquelle on suppose placés tous les centres des courans circulaires dont se compose le solénoïde indéfini.

Si l'on veut passer de là au cas d'un solénoïde défini dont les deux extrémités soient situées à deux points donnés L', L'', il suffira de supposer un second solénoïde indéfini commençant au point L'' du premier et coïncidant avec lui depuis ce point jusqu'à l'infini, ayant ses courans de même intensité, mais dirigés en sens contraire, l'action de ce dernier sera de signe contraire à celle du premier solénoïde indéfini partant du point L', et la détruira dans toute la partie $L''O$ où ils seront superposés; l'action du solénoïde $L'L''$ sera donc la même qu'exercerait la réunion de ces deux solénoïdes indéfinis, et se composera, par conséquent, de la force que nous venons de calculer et d'une autre force agissant en sens contraire, passant de même par le point A perpendiculaire au plan bAL'', et ayant pour valeur

$$\frac{\pi m^2 i i' ds' \sin. \varepsilon''}{2 g l''^2},$$

ε'' étant l'angle bAL'' et l'' la distance AL''. L'action totale du solénoïde $L'L''$ est la résultante de ces deux forces, et passe, comme elles, par le point A.

Comme l'action d'un solénoïde défini se déduit immédiatement de celle du solénoïde indéfini, nous commencerons, dans tout le reste de ce Précis, par considérer le solénoïde indéfini qui offre des calculs plus simples, et dont il est toujours facile de conclure ce qui a lieu relativement à un solénoïde défini.

Soient L' (fig. 9) l'extrémité d'un solénoïde indéfini, A le milieu d'un élément quelconque ba d'un courant électrique MAN, et $L'K$ une droite fixe quelconque menée par le point L'; nommons θ l'angle variable $KL'A$, μ l'inclinaison des plans bAL', $AL'K$, et l' la distance $L'A$. L'action de l'élément ba sur le solénoïde étant égale et opposée à celle que ce dernier exerce sur l'élément, il faut, pour la déterminer, considérer un point situé en A, lié invariablement au solénoïde et sollicité par une force dont l'expression soit

$$\frac{\pi m^2 i i' ds' \sin . bAL'}{2g l'^2} \text{ ou } \frac{\pi m^2 i i' dv}{g l'^3},$$

en nommant dv l'aire baL' qui est égale à

$$\frac{l' ds' \sin . bAL'}{2}.$$

Comme cette force est normale en A au plan bAL', il faut, pour avoir son moment par rapport à l'axe $L'K$, chercher sa composante perpendiculaire à $AL'K$ et la multiplier par la perpendiculaire AP abaissée du point A sur la droite $L'K$. Cette composante s'obtient en multipliant l'expression précédente par $\cos . \mu$; mais $dv \cos . \mu$ est la projection de l'aire dv sur le plan $AL'K$, d'où il suit qu'en représentant cette projection par du, on a pour la valeur de la composante cherchée

$$\frac{\pi m^2 i i' du}{g l'^3}.$$

Or, la projection de l'angle $aL'b$ sur $AL'K$ peut être considérée comme la différence infiniment petite des angles $KL'a$ et $KL'b$: ce sera donc $d\theta$ et l'on aura

$$du = \frac{l'^2\, d\theta}{2};$$

ce qui réduit la dernière expression à

$$\frac{\pi\, m^2}{2g} \frac{ii'\, d\theta}{l'};$$

et en la multipliant par $AP = l' \sin.\theta$, on a

$$\frac{\pi\, m^2\, ii'}{2g} \sin.\theta\, d\theta.$$

Cette expression intégrée dans toute l'étendue de la courbe MAN donne le moment de ce courant pour faire tourner le solénoïde autour de $L'K$: or, si le courant est fermé, l'intégrale, qui est en général

$$C - \frac{\pi\, m^2\, ii' \cos.\theta}{2g},$$

s'évanouit entre les limites, et le moment est nul par rapport à une droite quelconque $L'K$.

Il suit de là que dans l'action d'un circuit fermé ou d'un système quelconque de circuits fermés sur un solénoïde indéfini, toutes les forces appliquées aux divers élémens du système peuvent être considérées comme appliquées à l'extrémité même du solénoïde ; leur résultante passe donc par cette extrémité, et ces forces ne peuvent, dans aucun cas, tendre à lui imprimer un mouvement de rotation autour d'une droite menée par son extrémité, conformément aux résultats des expériences. Si le courant représenté par la courbe MAN n'était pas fermé, son moment pour faire tourner le solénoïde autour de LK serait, en appelant θ' et θ'' les valeurs extrêmes de θ,

$$\frac{\pi m^2 ii'}{2g}(\cos.\theta' - \cos.\theta'').$$

Considérons maintenant un solénoïde défini $L'L''$ (fig. 10) qui puisse tourner autour d'un axe passant par ses deux extrémités. Nous pourrons lui substituer comme précédemment deux solénoïdes indéfinis, et la somme des actions du courant MAN sur chacun d'eux sera son action sur $L'L''$. Nous venons de trouver la valeur de la première, et en appelant $\theta_{\prime}'$, $\theta_{\prime}''$ les angles correspondans à θ', θ'', mais relatifs à l'extrémité L'', on aura pour la seconde

$$\frac{\pi m^2 ii'}{2g}(\cos.\theta_{\prime}' - \cos.\theta_{\prime}'').$$

L'action de MAN, pour faire tourner le solénoïde autour de LL', sera donc

$$\frac{\pi m^2 ii'}{2g}\left(\cos.\theta' - \cos.\theta'' - \cos.\theta_{\prime}' + \cos.\theta_{\prime}''\right).$$

Cette action est nulle non-seulement quand le courant MN forme un circuit fermé, mais encore quand on suppose qu'il s'étend à l'infini dans les deux sens, parce qu'alors ses extrémités étant à une distance infinie de celles du solénoïde, l'angle $\theta_{\prime}'$ devient égal à θ', et l'angle $\theta_{\prime}''$ à θ''.

§ IV. *Action mutuelle d'un solénoïde et d'un système quelconque de courans formant des circuits fermés ou indéfinis dans les deux sens.*

Puisque la résultante des forces exercées sur un solénoïde indéfini par tous les points d'un système de courans formant des circuits fermés, ou s'étendant à l'infini dans les deux sens, passe par l'extrémité de ce solénoïde, on peut supposer toutes ces forces transportées à son extrémité, et la supposer placée à l'origine A (fig. 11) des coordonnées; soit alors BM une portion d'un des courans de ce système, l'action exercée sur le solénoïde par un élément quelconque Mm de BM est, d'après ce qui précède, normale au plan AMm et exprimée par

$$\frac{\pi m^2 ii' dv}{gr^3},$$

dv étant l'aire AMm, et r la distance variable AM.

Pour avoir la composante de cette action suivant AX, on doit la multiplier par le cosinus de l'angle qu'elle fait avec AX, lequel est le même que l'angle des plans AMm, ZAY; mais dv multiplié par ce cosinus est la projection de AMm sur ZAY, qui est égale à

$$\frac{y\,dz - z\,dy}{2}.$$

Si donc on veut avoir l'action suivant AX exercée par un nombre quelconque de courans formant des circuits fermés, il faudra prendre dans toute l'étendue de ces courans l'intégrale

$$\frac{\pi m^2 ii'}{2g} \int \frac{y\,dz - z\,dy}{r^3}, \text{ qui est } \frac{\pi m^2 ii' A}{2g},$$

A désignant toujours la même intégrale que précédemment dans laquelle on a remplacé n par sa valeur 3, semblablement l'action suivant AY sera exprimée par

$$\frac{\pi m^2 ii' B}{2g},$$

et suivant AZ par

$$\frac{\pi m^2 ii' C}{2g}.$$

La résultante de l'action exercée par un nombre quelconque de circuits fermés ou de courans indéfinis dans les deux sens sur le solénoïde indéfini, aura donc pour valeur

$$\frac{\pi m^2 ii' D}{2g},$$

en désignant toujours $\sqrt{A^2+B^2+C^2}$ par D, et les cosinus des angles qu'elle fait avec les axes des x, des y et des z seront

$$\frac{A}{D}, \frac{B}{D}, \frac{C}{D},$$

valeurs qui sont précisément celles des cosinus des angles que fait avec les mêmes axes la normale au plan directeur que l'on obtiendrait en considérant l'action des mêmes circuits sur un élément situé en A. Or, cet élément serait porté par l'action du système dans une direction comprise dans le plan directeur, d'où l'on tire cette conséquence remarquable que lorsqu'un système quelconque de circuits fermés agit alternativement sur un solénoïde indéfini et sur un élément situé à l'extrémité de ce solénoïde, les directions suivant lesquelles sont portés respectivement l'élément et l'extrémité du solénoïde sont perpendiculaires entre elles. Si l'on suppose l'élément situé dans le plan directeur lui-même, l'action que le système exerce sur lui est à son *maximum* et a pour valeur

$$\frac{ii' D ds'}{2}.$$

Celle que le même système exerce sur le solénoïde vient d'être trouvée égale à

$$\frac{\pi m^2 i i' D}{2g}:$$

ces deux forces sont donc toujours entr'elles dans le rapport de ds' à

$$\frac{\pi m^2}{g};$$

c'est-à dire, comme la longueur de l'élément est à la surface du cercle décrit par un des courans du solénoïde divisée par la distance de deux courans consécutifs, ce rapport est indépendant de la forme et de la grandeur des courans du système.

§ V. *Conséquences qui résultent des théorêmes démontrés dans les paragraphes précédens relativement à l'action mutuelle de deux solénoïdes, et à celle qu'un système de solénoïdes très-courts exerce, soit sur un élément de courans électriques, soit sur un autre système de petits solénoïdes analogue au premier.*

Lorsque le système de circuits fermés que nous venons de considérer est lui-même un solénoïde indéfini, la normale au plan directeur passant par le point A est, comme nous venons de le voir, la droite qui joint ce point A à l'extrémité du solénoïde; il suit de là que l'action mutuelle de deux solénoïdes indéfinis a lieu suivant la droite qui joint l'extrémité de l'un à l'extrémité de l'autre; et comme cette action est proportionnelle à D dont la valeur calculée précédemment est

$$\frac{\pi m^2}{g l'^2},$$

en nommant l' la longueur de cette droite, il en résulte qu'elle est en raison inverse du carré de la distance de ces extrémités. Quand l'un des solénoïdes est défini, on peut le remplacer par deux solénoïdes indéfinis, et l'action se trouve composée de deux forces, l'une attractive, l'autre répulsive, dirigées suivant les droites qui joignent les deux extrémités du premier à l'extrémité du second.

Enfin, dans le cas où deux solénoïdes définis $L'L''$, $R'R''$ (fig. 12) agissent l'un sur l'autre, il y a quatre forces dirigées respectivement suivant les droites $L'R'$, $L'R''$, $L''R'$, $L''R''$ qui joignent leurs extrémités deux à deux, et si, par exemple, il y a attraction suivant $L'R'$, il y aura répulsion suivant $L'R''$ et $L''R'$, et attraction suivant $L''R''$.

Pour justifier la manière dont j'ai conçu les phénomènes que présentent les aimans, en les considérant comme des assemblages de très-petits courans électriques circulaires, il fallait montrer, en partant de la formule par laquelle j'ai représenté l'action mutuelle de deux élémens de courans électriques,

1°. Qu'il y a une disposition qu'affectent ces courans avant l'aimantation, et dans laquelle ils sont sans action sur d'autres élémens de courans, quelles qu'en soient les distances et les positions relatives. Nous avons vu, au commencement du troisième paragraphe de ce Mémoire, que c'est en effet ce qui résulte de ma formule relativement à un solénoïde fermé et homogène, c'est-à-dire, dont tous les courans circulaires sont de même grandeur, de même intensité et équidistans;

2°. Que, par une autre disposition des mêmes courans, un certain système de très-petits courans produise des forces qui ne dépendent que de la situation de deux points déterminés de ce système, et qui jouissent, relativement à ces deux points, de toutes les propriétés des forces qu'on attribue à ce qu'on appelle *des molécules de fluide austral et de fluide boréal* lorsqu'on explique, par ces deux fluides, les phénomènes que présentent les aimans, soit dans leur action mutuelle, soit dans celle qu'ils exercent sur un fil conducteur : en sorte qu'il faut, 1°. que l'action mutuelle de deux systèmes de courans électriques ainsi disposés se compose de quatre forces, deux attractives et deux répulsives, dirigées suivant les droites qui joignent les deux points déterminés d'un système aux deux points déterminés de l'autre, et dont l'intensité soit en raison inverse des carrés de ces droites; 2°. que quand un de ces systèmes agit sur un élément de courant électrique, il en résulte deux forces perpendiculaires aux plans passant par les deux mêmes points du système et par l'élément, proportionnelles aux sinus des angles que sa direction forme avec les droites qui en mesurent les distances à ces deux points, et en raison inverse des carrés de ces distances. Tant qu'on n'admet pas la manière dont je conçois l'action des aimans, et tant qu'on attribue ces deux espèces de forces à des molécules d'un fluide austral et d'un fluide boréal, il est impossible de les ramener à un seul principe; mais on a vu, dans ce Précis, qu'elles résultent toutes deux de ma formule, lorsqu'on substitue à l'assemblage de deux molécules, l'une de fluide austral, l'autre de fluide boréal, un solénoïde homogène et non fermé, dont les extrémités, qui sont les deux points déterminés dont dépendent les forces dont il s'agit, sont situées précisément aux mêmes points où l'on supposerait placées les molécules des deux fluides.

Dès-lors deux systèmes de très-petits solénoïdes agiront l'un sur l'autre, d'après ma formule, comme deux aimans composés d'autant de particules aimantées que l'on supposerait de solénoïdes dans ces deux systèmes ; un de ces mêmes systèmes agira aussi sur un élément de courant électrique, comme le fait un aimant, et par conséquent tous les calculs, toutes les explications, fondés, tant sur la considération des forces attractives et répulsives de ces molécules en raison inverse des carrés des distances, que sur celle des forces révolutives entre une de ces molécules et un élément de courant électrique, dont je viens de rappeler la loi telle que M. Biot l'a déduite de ses expériences, sont nécessairement les mêmes, soit qu'on adopte ma manière de concevoir les phénomènes produits par les aimans dans ces deux cas, ou qu'on préfère l'hypothèse des deux fluides ; ce n'est donc point dans ces calculs ou dans ces explications qu'on peut chercher ni objections contre ma théorie, ni preuves en sa faveur. Les preuves sur lesquelles je l'appuie résultent surtout de ce qu'elle ramène à un principe unique trois sortes d'actions que l'ensemble des phénomènes prouve être dues à une cause commune, et qui ne peuvent y être ramenées autrement. En Suède, en Allemagne, en Angleterre, on a cru pouvoir les expliquer par le seul fait de l'action mutuelle de deux aimans, telle que Coulomb l'avait déterminée ; les expériences qui nous offrent des mouvemens de rotation continue sont en contradiction manifeste avec cette idée. En France, ceux qui n'ont pas adopté ma théorie sont obligés de regarder les trois genres d'action que j'ai ramenés à une loi commune, comme trois sortes de phénomènes absolument indépendans les uns des autres; il est à remarquer cependant qu'on pourrait déduire de la loi donnée par M. Biot pour l'action mutuelle d'un élément de fil conducteur et de ce qu'il appelle *une molécule magnétique*, celle qu'a établie Coulomb relativement à l'action de deux aimans, si l'on admettait qu'un de ces aimans est composé de petits courans électriques circulaires, tels que ceux que j'y conçois; mais alors comment pourrait-on ne pas admettre que l'autre est composé de même, et adopter par conséquent toute ma manière de voir?

D'ailleurs, quoique M. Biot ait nommé *force élémentaire* (1) celle dont il a déterminé la valeur et la direction dans le cas où un fil conducteur agit sur chacune des particules d'un aimant, il est clair qu'on ne peut regarder comme vraiment élémentaire ni une force qui se manifeste dans l'action de deux élémens qui ne sont pas de même nature, ni une force qui n'agit pas suivant la droite qui joint les deux points entre lesquels elle s'exerce (B).

Il est aisé de conclure des plus simples considérations sur la composition des forces, que si l'on a deux systèmes agissant l'un sur l'autre et composés tous deux de points infiniment rapprochés les uns des autres, tels que le premier système ne contienne que des points de même nature, c'est-à-dire, qui tous attirent ou repoussent les

---

(1) *Précis élémentaire de Physique*, tome II, page 122 de la seconde édition.

mêmes points de l'autre système, et que les points de ce dernier soient de deux sortes, dont les uns attirent ceux du premier et les autres les repoussent, la résultante de toutes les actions exercées par ces points passera par le premier système (C). On peut juger, d'après cette observation, lequel d'un élément de fil conducteur ou d'une particule d'aimant se trouve dans le premier cas, et présente par conséquent la constitution la plus simple. Il est vrai que, dans toutes les expériences où l'on fait agir sur un aimant une portion de fil conducteur formant un circuit fermé, le résultat qu'on obtient pour l'action totale est le même, soit qu'on suppose que la résultante des actions élémentaires passe par l'élément de fil conducteur ou par la particule d'aimant, ainsi qu'on l'a vu à la fin du troisième paragraphe ; mais lorsqu'une partie du courant passe par l'aimant, et qu'on observe l'action du reste du circuit qui n'est plus fermé, le fait de la rotation continue de l'aimant démontre que la direction de l'action entre chaque particule de l'aimant et chaque élément du circuit passe par l'élément et non par la particule : c'est donc l'élément qui peut seul être considéré comme produisant la force simple, et celle qu'exerce la particule d'aimant est nécessairement un résultat compliqué et produit au moins par deux forces agissant en sens contraires l'une de l'autre.

C'est ainsi que toutes les manières d'expliquer l'ensemble des phénomènes dont il est ici question, qu'on a cherché à opposer à celle que j'ai proposée, se sont trouvées démenties, soit par la découverte d'un nouveau fait, celui du mouvement de rotation continue, soit par des considérations extrêmement simples.

Au reste, d'après ce qui vient d'être démontré sur ce qu'un solénoïde fermé n'exerce aucune action, et que celle d'un solénoïde non fermé et homogène, c'est-à-dire, dont les courans ont par-tout la même intensité, ne dépend que de la situation des deux points où ses extrémités sont placées, et nullement de la forme de la courbe qui les joint en passant par tous les centres des courans circulaires de ce solénoïde, il suit que tout ce qu'on peut savoir sur la position des courans électriques d'un aimant, c'est qu'ils formaient, avant l'aimantation, des solénoïdes homogènes et fermés, et qu'après l'aimantation ils forment des solénoïdes dont les extrémités sont placées précisément où devraient l'être les molécules de fluide austral et de fluide boréal, pour représenter les mêmes phénomènes dans l'hypothèse des deux fluides. On peut aussi supposer que, dans ce dernier cas, ils forment des solénoïdes hétérogènes, c'est-à-dire, dont les courans circulaires cessent d'être équidistans, ce qui fait varier d'un de leurs points à l'autre l'intensité de leur action; car un tel solénoïde, fermé ou non fermé, peut être regardé comme un assemblage de solénoïdes homogènes, dont l'un aurait pour intensité, à tous ses points, celle qu'a le solénoïde hétérogène au point où il en a le moins, et dont les autres l'envelopperaient successivement avec des intensités égales aux différences d'intensité des divers points de ce dernier. Chacun de ces solénoïdes homogènes produisant deux forces émanant de ses deux extrémités, leur ensemble, c'est-à-dire, le solénoïde hétérogène, agirait encore nécessairement comme des molécules de fluide austral et de fluide boréal situées aux mêmes points que ces extrémités.

Parmi les différentes manières dont on peut se représenter la disposition des courans électriques circulaires autour des particules des métaux susceptibles d'aimantation, soit avant de l'acquérir, soit après avoir été aimantés, une des plus simples consiste à considérer chaque particule comme une petite pile de Volta dont les courans, entrant par une extrémité de la particule et sortant par l'extrémité opposée, reviennent, à travers l'espace environnant, à la première de ces deux extrémités, et forment ainsi un solénoïde fermé, qui, d'après ce qui précède, ne peut exercer aucune action tant que tous ces courans sont de même intensité et équidistans, comme ils doivent l'être nécessairement avant l'aimantation de la particule.

Lorsqu'un fil conducteur ou un barreau aimanté vient à agir sur ces courans, ils doivent être déplacés et s'accumuler en plus grand nombre sur le côté de la particule vers lequel ils sont portés par cette action; alors on peut considérer le solénoïde hétérogène qui en résulte comme un assemblage de solénoïdes homogènes partiels, dont l'un soit fermé et ait pour intensité celle du solénoïde hétérogène là où il en a le moins, et dont les autres ne soient pas fermés; ces derniers agissent alors en produisant chacun deux forces qu'on peut considérer comme émanant des points où sont placées leurs extrémités, et qui sont identiques, dans tous les cas, à celles qu'on attribue aux molécules de fluide austral et de fluide boréal.

Mais ce qu'il faut surtout remarquer, c'est que ces points doivent nécessairement se disposer dans chaque particule, lors de l'aimantation par l'action, soit d'un fil conducteur, soit d'un aimant, de manière qu'en réunissant à un point quelconque de l'intérieur de ce corps les actions exercées sur les courans de la particule qui y est située, tant par le fil conducteur ou l'aimant qui agit du dehors, que par les courans des autres particules du même corps, on trouve que la résultante de ces actions est nulle, puisque, tant qu'elle ne l'est pas, elle doit tendre à changer la situation des courans de la particule que l'on considère, et à distribuer par conséquent autrement les points dont nous parlons. Ce principe, semblable à celui sur lequel M. Poisson a établi sa belle théorie de la distribution de l'électricité, est encore celui qu'il applique à l'hypothèse de Coulomb sur les deux fluides magnétiques, dans son Mémoire sur la manière dont se distribue le magnétisme dans les corps qui en sont susceptibles lorsqu'ils sont soumis à l'influence d'un aimant ou à celle du globe terrestre; on doit donc appliquer aux formules qu'il a obtenues ce que nous avons déjà dit de tout calcul fondé sur les lois d'après lesquelles on suppose que les molécules magnétiques agissent comme les extrémités des solénoïdes électro-dynamiques doivent agir d'après ma formule; et les conséquences déduites, dans le Mémoire que je viens de citer, de l'action qu'on attribue à ces molécules, sont nécessairement communes aux deux manières de concevoir les phénomènes que présentent les aimans, et complètent également la théorie de ces phénomènes dans les deux hypothèses.

On peut dire cependant que deux circonstances des effets produits par les aimans s'expliquent mieux quand on admet que ces effets sont dus à l'action des courans électriques, parce qu'elles sont des conséquences nécessaires de cette manière de concevoir l'action des aimans, et qu'elles obligent ceux qui veulent les expliquer dans l'hypothèse des deux fluides à joindre à cette hypothèse d'autres suppositions qui ne s'en déduisent pas nécessairement. La première de ces deux circonstances est la nécessité d'admettre, pour rendre raison des faits observés, que les deux fluides magnétiques, quoique susceptibles de se séparer sans résistance dans les particules de certains corps, tels que le fer doux et le nickel, ne passent cependant jamais d'une particule à l'autre, et qu'il y a par conséquent toujours dans chaque particule des quantités égales de fluide boréal et de fluide austral; la seconde est la différence d'intensité d'action de deux masses semblables des deux métaux que je viens de citer, lorsqu'ils sont rendus magnétiques par l'influence d'une même force; ce qui oblige d'admettre, ou que les fluides auxquels le fer et le nickel doivent la propriété d'être susceptibles d'aimantation ne sont pas les mêmes dans ces deux métaux, ou qu'ils ne peuvent pas être séparés dans toute l'étendue de la masse de ces derniers, mais seulement dans des parties déterminées de cette masse. Quand on admet, au contraire, l'opinion que les phénomènes magnétiques sont dus à des courans électriques propres aux particules des corps, et auxquels l'aimantation ne fait que donner une direction qui s'oppose à ce que la résultante de toutes leurs actions sur un point quelconque continue d'être nulle, comme je l'ai expliqué dans la lettre que j'écrivis à M. Van-Beek au commencement de l'année 1822 (1), ces deux circonstances sont des conséquences nécessaires de cette manière de concevoir les choses, car alors les solénoïdes électro-dynamiques ne peuvent quitter des particules qu'entourent ces solénoïdes, et leurs extrémités, qui correspondent aux molécules de fluide austral et de fluide boréal, sont nécessairement circonscrites dans les petits espaces qu'occupaient avant l'aimantation les courans électriques dont ils sont formés. L'intensité de leur action doit d'ailleurs varier dans les différens corps, puisqu'elle doit dépendre de la force électro-motrice des particules de ces corps, et du diamètre des cercles que décrivent les courans produits par cette force autour de leurs particules.

Ce qu'il y a de plus remarquable relativement à cette force tantôt attractive, tantôt répulsive, qui émane des conducteurs voltaïques, c'est que, quoiqu'en remontant jusqu'à l'action simple de deux élémens, on trouve qu'elle agit, comme toutes les forces auparavant reconnues dans la nature, suivant la droite qui joint les milieux de ces élémens, on trouve en même temps qu'elle n'est pas, comme le sont les autres, proportionnelle à une simple fonction de la distance; il s'agit ici de la conséquence nécessaire et immédiate d'un théorême rigoureusement démontré, comparé à un fait incontestable. En vertu de ce théorême, tant que les forces élémentaires ne dépendent que des distances des points matériels entre lesquels elles s'exercent, et qu'une partie

(1) *Recueil d'Observations électro-dynamiques*, pag. 171 et 172.

de ces points sont invariablement liés entre eux et ne se meuvent qu'en vertu de ces forces, les autres restant fixes, les premiers ne peuvent revenir à la même situation, par rapport aux seconds, avec des vitesses plus grandes que celles qu'ils avaient quand ils sont partis de cette même situation : or, dans le mouvement de rotation continue imprimé à un conducteur mobile par l'action d'un conducteur fixe, tous les points du premier reviennent à la même situation avec des vitesses qui deviennent de plus en plus grandes à chaque révolution, jusqu'à ce que les frottemens et la résistance de l'eau acidulée où plonge la couronne du conducteur mobile mettent un terme à l'augmentation de la vitesse de rotation de ce conducteur: elle devient alors constante malgré ces frottemens et cette résistance.

Rien ne manque donc à la démonstration complète qu'il existe dans la nature inorganique, entre les portions infiniment petites des fils conducteurs de l'appareil voltaïque, une force élémentaire qui n'est pas fonction de la seule distance des particules entre lesquelles elle s'exerce, et il faut nécessairement admettre, pour que le mouvement qu'on observe soit possible, ou que cette force n'est pas la même à différentes époques du mouvement, c'est-à-dire qu'elle dépend du temps, comme dans la rotation continue que M. Zamboni a produite avec des piles sèches, ou que la même force dépend des directions suivant lesquelles ont lieu, dans les deux particules, les combinaisons ou séparations des deux fluides électriques dont cette force émane, comme j'ai trouvé qu'elle dépend en effet de ces directions; puisque l'expression par laquelle j'en ai représenté la valeur contient la seconde différentielle de la racine carrée de la distance des deux particules prise en faisant varier alternativement les deux arcs de courans électriques dont cette distance est une fonction, différentielle qui dépend elle-même de ces directions ; la valeur donnée par ma formule est d'ailleurs une des plus simples de celles qui satisfont à la condition dont il est ici question ; elle est en effet simplement exprimée par cette différentielle, multipliée par un coefficient constant, et divisée par la même racine carrée de la distance (1).

Les époques où l'on a ramené à un principe unique des phénomènes considérés auparavant comme dus à des causes absolument différentes, ont été presque toujours accompagnées de la découverte d'un grand nombre de nouveaux faits, parce qu'une nouvelle manière de concevoir les causes suggère une multitude d'expériences à tenter, d'explications à vérifier ; c'est ainsi que la démonstration donnée par Volta de l'identité du galvanisme et de l'électricité a été accompagnée de la construction de la pile, et suivie de toutes les découvertes qu'a enfantées cet admirable instrument. A en juger par les résultats si inattendus des travaux de M. Becquerel sur l'influence de l'électricité dans les combinaisons chimiques, et de ceux de MM. Prévost et Dumas sur les causes des contractions musculaires, on peut espérer que tant de faits nouveaux découverts depuis quatre ans, et leur réduction à un principe unique, aux lois des forces attractives et répulsives observées entre les conducteurs

---

(1) *Recueil d'Observations électro-dynamiques*, pag. 255 et 355.

des courans électriques, seront aussi suivis d'une foule d'autres résultats qui établiront entre la physique d'une part, la chimie et même la physiologie de l'autre, la liaison dont on sentait le besoin sans pouvoir se flatter de parvenir de long-temps à la réaliser.

NOTES *sur ce Précis de la théorie des phénomènes électro-dynamiques.*

(A) La valeur et la direction de la résultante de toutes les actions exercées sur un élément ds' de courant électrique, par un système de circuits fermés ou indéfinis dans les deux sens, se trouvent ainsi déterminées de la manière la plus simple; mais on peut parvenir à la même détermination d'une manière plus directe en déduisant de la valeur de la force entre deux élémens celles des trois composantes de cette force parallèles à trois axes, et en les intégrant dans toute l'étendue du système de courans fermés ou indéfinis dans les deux sens auquel appartient l'un des deux élémens.

x, y, z, étant les coordonnées de l'élément ds, x', y', z', celles de l'élément ds', r la distance des deux élémens, on aura, d'après ma formule,

$$-ii'\,(x-x')\,r^{k-1}\,d\,(r^k\,d'r)$$

pour la composante parallèle à l'axe des x de l'action exercée sur l'élément ds' par l'élément ds, et celle de la résultante de toutes les actions exercées sur le même élément ds' par le système de courans fermés ou indéfinis dans les deux sens auquel appartient l'élément ds, sera, en négligeant les termes qui se détruisent aux limites, exprimée par

$$ii'\int r^k d'r\left(r^{k-1}dx+(k-1)(x-x')r^{k-2}dr\right)=$$

$$ii'\int\left(r^{2k-1}d'r\,dx+k(x-x')r^{2k-2}drd'r-(x-x)r^{2k-2}drd'r\right);$$

mais, en développant la valeur de la même force avant l'intégration par partie, on trouve qu'elle est égale à

$$-ii'\int\left(k(x-x')r^{2k-2}drd'r+(x-x')r^{2k-1}dd'r.\right)$$

Pour avoir une expression de cette force indépendante de la valeur de k, il suffit de prendre la demi-somme de ces deux quantités, et l'on a ainsi pour la composante parallèle aux x, que nous représenterons par Xds',

$$Xds'=\tfrac{1}{2}ii'\int\left(x^{2k-1}d'rdx-(x-x')r^{2k-2}(drd'r+rdd'r)\right)=$$

$$\tfrac{1}{2}ii'\int\frac{rd'rdx-(x-x')d(rd'r)}{r^{n+1}},$$

à cause de $2k-2=-n-1$.

On trouve de même, en représentant par Yds' et Zds' les composantes de la résultante qui sont parallèles à l'axe des y et à celui des z,

$$Yds'=\tfrac{1}{2}ii\int\frac{rd'rdy-(y-y')d(rd'r)}{r^{n+1}},$$

$$Zds'=\tfrac{1}{2}ii'\int\frac{rd'rdz-(z-z')d(rd'r)}{r^{n+1}}.$$

L'équation

$$r^2=(x-x')^2+(y-y')^2+(z-z')^2$$

donne

$$rd'r=-(x-x')dx'-(y-y')dy'-(z-z')dz'$$

et

$$d(rd'r)=-dx\,dx'-dy\,dy'-dz\,dz',$$

ainsi

$$Xds'=\tfrac{1}{2}ii'\int\frac{(x-x')(dydy'+dzdz')-(y-y')dxdy'-(z-z')dxdz'}{r^{n+1}}$$

$$=\tfrac{1}{2}ii'(Cdy'-Bdz'),$$

on a de même

$$Yds'=\tfrac{1}{2}ii'(Adz'-Cdx'),$$

$$Zds'=\tfrac{1}{2}ii'(Bdx'-Ady'),$$

en représentant par A, B, C les mêmes doubles sommes des aires qui ont leur sommet au milieu de l'élément ds', et pour bases les élémens ds du système qui agit sur ds', projetées sur les trois plans coordonnés, et divisées par les puissances $n+1$ des distances, doubles sommes qui ont ici pour valeurs

$$A=\int\frac{(y-y')dz-(z-z')dy}{r^{n+1}},$$

$$B=\int\frac{(z-z')dx-(x-x')dz}{r^{n+1}},$$

$$C=\int\frac{(x-x')dy-(y-y')dx}{r^{n+1}}.$$

Les valeurs que nous venons d'obtenir pour Xds', Yds', Zds' donnent évidemment

$$Xds'dx+Yds'dy+Zds'dz=0,$$

et

$$AXds'+BYds'+CZds'=0;$$

d'où il suit que la direction de la résultante des actions de tout le système sur l'élément ds', qui forme avec les trois axes des angles dont les cosinus sont respectivement proportionnels à Xds', Yds', Zds', est à la fois perpendiculaire à celle de cet élément dont les angles avec les axes ont leurs cosinus proportionnels à dx', dy', dz', et à la droite menée par le milieu de l'élément ds' de manière que les cosinus des angles qu'elle forme avec les mêmes axes le soient à A, B, C; comme il a été démontré d'une autre manière dans le Précis de la théorie des phénomènes électro-dynamiques auquel se rapporte cette note.

Quant à la valeur de cette résultante, elle est évidemment égale à

$$ds'\sqrt{X^2+Y^2+Z^2},$$

c'est-à-dire à

$$\tfrac{1}{2}ii'\sqrt{(Cdy'-Bdz')^2+(Adz'-Cdx')^2+(Bdx'-Ady')^2}.$$

En faisant toujours $\sqrt{A^2+B^2+C^2}=D$, et en nommant ε l'angle des deux droites qui forment avec les axes des angles dont les cosinus sont respectivement

$$\frac{A}{D},\ \frac{B}{D},\ \frac{C}{D};\ \frac{dx'}{ds'},\ \frac{dy'}{ds'},\ \frac{dz'}{ds'},$$

c'est-à-dire, de la normale au plan directeur et de l'élément ds', on conclut, de la valeur connue du sinus de l'angle compris entre deux droites dont les directions sont données, que le radical qui se trouve dans cette expression est égal à $-D\,ds'\sin.\varepsilon$, ce qui change celle de la résultante en

$$-\frac{Dii'\,ds'\sin.\varepsilon}{2},$$

comme on l'a trouvé, d'une autre manière, dans le même Précis.

L'avantage des valeurs de Xds', Yds', Zds', qui conduisent ainsi à des résultats déjà obtenus, est de donner immédiatement les valeurs des momens de rotation imprimés à l'élément ds' autour de chacun des axes par le système de courans, fermés ou indéfinis dans les deux sens, qui agit sur lui. En faisant attention que x', y', z' sont des constantes relativement aux intégrations indiquées par le signe $\int$, on trouve pour le moment autour de l'axe des z

$$x'\int Yds'-y'\int Xds'=\tfrac{1}{2}ii'\int\frac{(x'dy-y'dx)rd'r-(x'y-y'x)d(rd'r)}{r^{n+1}};$$

et pour les momens autour de l'axe des y et de celui des x

$$z'\int Xds'-x'\int Zds'=\tfrac{1}{2}ii'\int\frac{(z'dx-x'dz)\,rd'r-(z'x-x'z)\,d(rd'r)}{r^{n+1}},$$

$$y'\int Zds'-z'\int Yds'=\tfrac{1}{2}ii'\int\frac{(y'dz-z'dy)rd'r-(y'z-z'y)d(rd'r)}{r^{n+1}}.$$

Si l'on veut calculer l'action d'un système de courans fermés ou indéfinis dans les deux sens sur un autre système, il suffira de considérer x', y', z' comme les coordonnées des courans de ce dernier, et intégrer, dans toute l'étendue de ce même système, par rapport à x', y', z', les valeurs que nous venons de trouver, tant pour les forces Xds', Yds', Zds', que pour les momens de rotations qui en résultent autour des trois axes. Je ne m'occuperai pas ici de ces intégrations, je remarquerai seulement que quand le second système est, comme le premier, formé uniquement de courans fermés, on peut opérer, relativement aux différentielles relatives à la variabilité de x', y', z', des intégrations par partie dont les termes hors du signe $\int$ s'évanouissent aux limites, et rendre ainsi les intégrales doubles, par lesquelles sont alors représentés les forces et les momens, symétriques relativement aux coordonnées des deux systèmes.

(B) Dans l'état actuel de la physique, on ne connaît pas de cause des phénomènes dont nous sommes témoins qu'on puisse regarder avec certitude comme vraiment primitive; et de même que l'on considère, en chimie, comme un corps simple ou un élément toute substance qu'on ne peut décomposer en d'autres, on doit, en physique, admettre comme force élémentaire toute force qu'on ne peut point ramener à d'autres. Il est évident que la force qui se manifeste dans l'action mutuelle de deux fils conducteurs ou dans celle d'un de ces fils et d'un aimant ne peut être ramenée à des attractions ou répulsions simplement fonctions des distances des particules entre lesquelles elles s'exercent, puisqu'on obtient, par l'une comme par l'autre, des mouvemens de rotation accélérés toujours dans le même sens. Il faut donc chercher la force élémentaire, soit dans l'action mutuelle de deux élémens de fils conducteurs, comme je l'ai fait dès mes premières recherches sur ce sujet, soit dans celle qu'un élément exerce sur les deux poles d'une particule d'aimant, poles qu'on désigne sous le nom de *molécules magnétiques* quand on admet l'hypothèse des deux fluides, ainsi que l'a fait M. Biot dans les Mémoires communiqués à l'Académie les 30 octobre et 18 décembre 1820 (1); il y regarde comme élé-

(1) Ce dernier Mémoire n'ayant pas été publié à part, je ne connais la formule qui y est donnée pour exprimer cette

mentaire la force qu'exerce un élément de fil conducteur sur une molécule magnétique, c'est-à-dire, sur le pole d'une particule d'aimant, et il y considère comme un phénomène composé l'action mutuelle de deux élémens de

---

force que par le passage suivant de la seconde édition du *Précis élémentaire de Physique*, tome II, pages 122 et 123.

« En divisant par la pensée toute la longueur du fil con- » ducteur en une infinité de tranches d'une très-petite hau- » teur, on voit que chaque tranche doit agir sur l'aiguille » avec une énergie différente, selon sa distance et sa direc- » tion : or, ces forces *élémentaires* sont précisément le » résultat simple qu'il importe surtout de connaître; car la » force totale exercée par le fil entier n'est que la somme de » leurs actions. Mais le calcul suffit pour remonter de cette » résultante à l'action simple : c'est ce qu'a fait M. Laplace. » Il a déduit de nos observations que la loi individuelle des » forces élémentaires exercées par chaque tranche du fil » conjonctif était la raison inverse du carré de la distance, » c'est-à-dire, précisément la même que l'on sait exister » dans les actions magnétiques ordinaires. Cette analyse » montrait que, pour compléter la connaissance de la force, » il restait encore à déterminer si l'action de chaque tranche » du fil était la même dans toutes les directions à distance » égale, ou si elle était plus énergique dans certains sens » que dans d'autres... » « Le résultat des expériences faites » pour décider cette question, analysé par le calcul, m'a » paru indiquer que l'action de chaque élément du fil sur » chaque molécule de magnétisme austral ou boréal est » réciproque au carré de sa distance à cette molécule, et pro- » portionnelle au sinus de l'angle formé par cette distance » avec la longueur du fil. »

conducteurs voltaïques. Or, on conçoit aisément que s'il existe en effet des molécules magnétiques, leur action mutuelle peut être considérée comme la force élémentaire: c'était le point de vue des physiciens de la Suède et de l'Allemagne, qui n'a pu supporter l'épreuve de l'expérience; ils regardaient les élémens des fils conducteurs comme des assemblages de petits aimans, et alors les deux autres genres d'action étaient des phénomènes composés, puisque l'élément voltaïque l'était. On conçoit également que ce soit l'action mutuelle de deux élémens de fils conducteurs qui offre la force élémentaire : alors l'action mutuelle de deux particules d'aimant et celle qu'une de ces particules exerce sur un élément de conducteur voltaïque sont des actions composées, puisque la particule d'aimant doit, dans ce cas, être considérée comme composée. Mais comment concevoir que la force élémentaire soit celle qui se manifeste entre une particule d'aimant et un élément de conducteur voltaïque, c'est-à-dire, entre deux corps, à la vérité d'un très-petit volume, mais dont l'un est nécessairement composé, quelle que soit celle des deux manières d'interpréter les phénomènes dont nous venons de parler ?

La circonstance que présente la force exercée par un élément de fil conducteur sur un pole d'une particule d'aimant, d'agir dans une direction perpendiculaire à la droite qui joint les deux points entre lesquels se développe cette force, tandis que l'action mutuelle de deux élémens de conducteur a lieu suivant la ligne qui les joint, n'est pas une preuve moins démonstrative de ce que la première de ces deux forces est un phénomène composé. Toutes les fois que deux points matériels agissent l'un sur l'autre, soit en vertu d'une force qui leur soit inhérente, ou d'une force qui y naisse par une cause quelconque, telle qu'un phénomène chimique, une décomposition ou une recomposition du fluide neutre résultant de la réunion des deux électricités, on ne peut pas concevoir cette force autrement que comme une tendance de ces deux points à se rapprocher ou à s'éloigner l'un de l'autre suivant la droite qui les joint, avec des vitesses réciproquement proportionnelles à leurs masses, et cela lors même que cette force ne se transmettrait d'une des particules matérielles à l'autre que par un fluide interposé, comme la masse du boulet n'est portée en avant avec une certaine vitesse, par le ressort de l'air dégagé de la poudre, qu'autant que la masse du canon est portée en arrière suivant la même droite, passant par les centres d'inertie du boulet et du canon, avec une vitesse qui est à celle du boulet comme la masse de celui-ci est à la masse du canon.

C'est là un résultat nécessaire de l'inertie de la matière que Newton signalait comme un des principaux fondemens de la théorie physique de l'univers, dans le dernier des trois axiomes qu'il a placés au commencement des *Philosophiæ naturalis principia mathematica*, en disant que l'action est toujours égale et opposée à la réaction; car des forces qui donnent à deux masses des vitesses inverses de ces masses sont des forces qui les feraient produire des pressions égales sur des obstacles qui s'opposeraient invinciblement à ce qu'elles ne se missent en mouvement, c'est-à-dire, des forces égales. Pour que ce principe soit applicable dans le cas de l'action mutuelle de deux particules matérielles traversées par le courant électrique, dans le cas où cette action serait transmise par le fluide éminemment élastique qui remplit l'espace, et dont les vibrations constituent la lumière (1), il faut admettre que ce fluide n'a aucune inertie appréciable, comme l'air à l'égard du boulet et du canon; mais c'est ce dont on ne peut douter, puisqu'il n'oppose aucune résistance au mouvement des planètes. Le phénomène de la rotation du moulinet électrique avait porté plusieurs physiciens à admettre une inertie appréciable dans les deux fluides électriques, et par conséquent dans celui qui résulte de leur combinaison; mais cette supposition est en opposition avec tout ce que nous savons d'ailleurs de ces fluides, et avec le fait que les mouvemens planétaires n'éprouvent aucune résistance de la part de l'éther; il n'y a plus d'ailleurs aucun motif de l'admettre depuis que j'ai montré que la rotation du moulinet électrique est due à une répulsion électro-dynamique produite par le courant électrique qui s'échappe de la pointe du moulinet, entre cette pointe et les particules de l'air ambiant (2).

Lorsque M. OErsted eut découvert l'action que le fil conducteur exerce sur un aimant, on devait, à la vérité,

---

(1) Ce fluide ne peut être que celui qui résulte de la combinaison des deux électricités. Afin d'éviter de répéter toujours la même phrase pour le désigner, je crois qu'on doit employer, comme Euler, le nom d'*éther*, en entendant toujours par ce mot le fluide ainsi défini.

(2) *Voyez* la Note que je lus à l'Académie le 24 juin 1822, et qui est insérée dans les *Annales de Chimie*, tome xx, pages 419-421, et dans mon *Recueil d'Observations électro-dynamiques*, pages 316-318.

être porté à soupçonner qu'il pouvait y avoir une action mutuelle entre deux fils conducteurs ; mais ce n'était point une conséquence nécessaire de cette grande découverte, puisqu'un barreau de fer doux agit aussi sur une aiguille aimantée, et qu'il n'y a cependant aucune action mutuelle entre deux barreaux de fer doux. Tant qu'on ne connaissait que le fait de la déviation de l'aiguille aimantée par le fil conducteur, ne pouvait-on pas supposer que le courant électrique communiquait seulement à ce fil la propriété d'être influencé par l'aiguille d'une manière analogue à celle dont l'est le fer doux par cette même aiguille, ce qui suffisait pour qu'il agît sur elle, sans que pour cela il en dût résulter aucune action entre deux fils conducteurs lorsqu'ils se trouveraient hors de l'influence de tout corps aimanté? L'expérience pouvait seule décider la question : je la fis au mois de septembre 1820, et l'action mutuelle des conducteurs voltaïques fut démontrée.

A l'égard de l'action de notre globe sur un fil conducteur, l'analogie entre la terre et un aimant suffisait sans doute pour rendre cette action extrêmement probable, et je ne vois pas trop pourquoi plusieurs des plus habiles physiciens de l'Europe pensaient qu'elle n'existait pas, non-seulement, comme M. Erman, avant que j'eusse fait l'expérience qui la constatait (1) ; mais après

---

(1) Dans un Mémoire très-remarquable, imprimé en 1820, ce célèbre physicien dit que le fil conducteur aura cet avantage sur l'aiguille aimantée dont on se sert pour des expériences délicates, que le mouvement qu'il prendra dans ces expériences ne sera point influencé par l'action de la terre.

que cette expérience eut été communiquée à l'Académie des Sciences, dans sa séance du 30 octobre 1820, et répétée plusieurs fois, dans le courant de novembre de la même année, en présence de plusieurs de ses membres et d'un grand nombre d'autres physiciens, qui m'ont autorisé, dans le temps, à les citer comme ayant été témoins des mouvemens produits par l'action de la terre sur les parties mobiles des appareils décrits et figurés dans les *Annales de Chimie et de Physique*, tome XV, pages 191-196, pl. 2, fig. 5, et pl. 3, fig. 7; ainsi que dans mon *Recueil d'Observations électro-dynamiques*, pages 43-48. Puisque, près d'un an après, les physiciens anglais élevaient encore des doutes sur les résultats d'expériences si complètes et faites devant un si grand nombre de témoins (1), on ne peut nier l'importance de ces expériences, ni se refuser à convenir que la découverte de l'action de la terre sur les fils conducteurs m'appartient aussi complètement que celle de l'action mutuelle de deux conducteurs. Mais c'était peu d'avoir découvert ces deux genres d'action, et de les avoir constatés par l'expérience; il fallait encore :

1°. Trouver la formule qui exprime l'action mutuelle de deux élémens de courans électriques;

---

(1) *Voyez* le Mémoire de M. Faraday publié le 11 septembre 1821. La traduction de ce Mémoire se trouve dans les *Annales de Chimie et de Physique*, tome XVIII, page 368, et dans mon *Recueil d'Observations électro-dynamiques*, page 156. C'est par une faute d'impression qu'elle porte la date du 4 septembre 1821, au lieu de celle du 11 septembre 1821.

2°. Montrer que, d'après la loi, exprimée par cette formule, de l'attraction entre les courans qui vont dans le même sens, et de la répulsion entre ceux qui vont en sens contraire, soit que ces courans soient parallèles ou forment un angle quelconque (1), l'action de la terre sur les fils conducteurs est identique, dans toutes les circonstances qu'elle présente, à celle qu'exercerait sur ces mêmes fils un faisceau de courans électriques dirigés de l'est à l'ouest et situés au midi de l'Europe, où les expériences qui constatent cette action ont été faites;

3°. Calculer d'abord, en partant de ma formule et de la manière dont j'ai expliqué les phénomènes magnétiques par des courans électriques circulaires entourant chacune des particules des corps aimantés, l'action que doivent exercer l'une sur l'autre deux particules d'aimans, et celle qu'une de ces particules doit exercer sur un élément de fil conducteur; s'assurer ensuite que ces

---

(1) Les expériences qui mettent en évidence l'action mutuelle de deux courans rectilignes dans ces deux cas furent communiquées à l'Académie, dans la séance du 9 octobre 1820. Les appareils que j'avais employés sont décrits et figurés dans le tome xv des *Annales de Chimie et de Physique*, savoir : 1°. celui pour l'action mutuelle de deux courans parallèles, page 72, pl. 1re, fig. 1, et avec plus de détail, dans mon *Recueil d'Observations électro-dynamiques*, pag. 16 et 18; 2°. celui pour l'action mutuelle de deux courans formant un angle quelconque, page 171 du même tome xv des *Annales de Chimie et de Physique*, pl. 1, fig. 2, et dans mon *Recueil*, page 18. Les figures portent, dans mon *Recueil*, les mêmes numéros que dans les *Annales*.

calculs donnent précisément pour ces deux sortes d'actions, dans le premier cas, la loi établie par Coulomb, et dans le second, celle que M. Biot a conclue de ses expériences.

A l'égard de la manière dont j'ai établi ma formule, on doit consulter la Note publiée dans le *Journal de Physique*, septembre 1820, et le Mémoire qui l'a été dans les *Annales de Chimie et de Physique*, tome XX, pages 398-421. L'identité de l'action de la terre et de celle du faisceau de courans dont je viens de parler est mise en évidence dans les mêmes *Annales*, tome XXI, pages 39-46. Ces divers morceaux se trouvent dans mon *Recueil d'Observations électro-dynamiques*, pages 227-235, 293-318 et 277-284. Enfin, tout ce qui est relatif à l'identité entre les conséquences de mon opinion sur la constitution des aimans, et les lois de l'action qu'ils exercent, soit les uns sur les autres, soit sur des fils conducteurs, telles qu'elles ont été établies par Coulomb et M. Biot, se trouve complètement démontré dans ce Précis. C'est ainsi que la nouvelle branche de physique relative aux phénomènes électro-dynamiques est arrivée au degré de perfection où elle se trouve maintenant.

Il résulte immédiatement du fait de la rotation continue, que l'action élémentaire à laquelle sont dus ces phénomènes n'est pas, comme les autres forces précédemment reconnues dans la nature, une simple fonction de la distance des deux particules matérielles entre lesquelles elle s'exerce : c'est aussi une conséquence de la valeur même de cette force déduite de l'expérience, et qui représente exactement toutes les circonstances des phénomènes.

Plusieurs physiciens ont cru devoir rejeter l'existence d'une pareille force, quoiqu'elle fût établie sur le même genre de preuves que les forces simplement fonctions des distances admises jusqu'à présent : c'est ainsi que les Cartésiens se refusaient, du temps de Newton, à admettre, dans les explications des phénomènes célestes, une autre force que l'impulsion, parce que c'était la seule qu'on eût considérée jusqu'alors ; ils cherchaient encore aussi opiniâtrement qu'inutilement à y ramener tous les faits, lorsque déjà l'existence d'une force entre toutes les particules matérielles en raison inverse des carrés des distances était démontrée. On se rendit enfin à la force des preuves ; mais alors on ne voulut admettre d'attractions dans la nature que suivant ce rapport inverse des carrés des distances ; on mit presque autant de résistance à admettre une attraction suivant une autre loi, que les Cartésiens en avaient mis à admettre l'attraction newtonienne ; mais les phénomènes de la cohésion, des tubes capillaires, etc. étaient en contradiction avec ce qui devait résulter de l'hypothèse qui voulait soumettre toutes les forces attractives à la raison inverse du carré de la distance. On a fini par faire céder la prévention qui accompagne toujours les hypothèses exclusives à l'autorité de l'expérience éclairée par le calcul, et les attractions moléculaires, variant comme une fonction de la distance qui décroît, à mesure que la distance augmente, bien plus rapidement que l'attraction universelle, ont été généralement admises.

Qui croirait qu'après ces deux défaites de l'esprit de

prévention qui porte à repousser tout ce qui ne rentre pas immédiatement dans les hypothèses avec lesquelles on s'est familiarisé, il vînt encore s'opposer à ce qu'on reconnût l'existence d'une troisième espèce de force qui, d'après les expériences les plus précises et les calculs les plus rigoureux, n'est plus, comme les deux précédentes, fonction de la simple distance, qui ne se développe entre deux particules matérielles que quand il arrive à la fois, dans ces deux particules, soit une séparation, soit une combinaison des deux fluides électriques, comme si elle émanait de ce que M. OErsted a nommé *conflit électrique*, et qui dépend des deux directions suivant lesquelles ce conflit a lieu, en même temps que de la distance des deux particules. Cette force ne dure que pendant l'instant où se fait la séparation ou la combinaison; mais comme celles-ci se renouvellent sans cesse à tous les points des fils conducteurs, tant qu'ils sont en communication avec les deux extrémités de la pile, les effets produits sont les mêmes que s'ils étaient dus à une force permanente, dependant à la fois de la distance et des directions des deux élémens de courant électrique entre lesquels elle s'exerce, directions qui sont évidemment celles que suivent les deux fluides électriques en se séparant ou en se portant l'un vers l'autre pour se combiner. Les forces qui émanent du conflit électrique sont d'une nature toute différente des attractions et répulsions inhérentes aux molécules des deux fluides électriques, dont les effets se manifestent lorsque ces fluides sont inégalement répartis dans les corps : le fait du mouvement de rotation continue, et la forme de l'expression analytique de l'action électro-dynamique le démontrent complètement. Quelques physiciens en ont conclu que les phénomènes absolument différens produits, les uns par l'électricité ordinaire et les autres par l'électricité dynamique, ne devaient pas être attribués aux mêmes fluides électriques, en repos dans le premier cas, et en mouvement dans le second : c'est précisément comme si l'on concluait de ce que la suspension du mercure dans le baromètre est un phénomène entièrement différent de celui du son, qu'on ne doit pas les attribuer au même fluide atmosphérique, en repos dans le premier cas, et en mouvement dans le second ; mais qu'il faut admettre, pour deux faits aussi différens, deux fluides, dont l'un agisse seulement pour presser la surface libre du mercure, et dont l'autre transmette les mouvemens vibratoires qui produisent le son.

C'est cette manie de multiplier, comme on dit, les êtres sans nécessité qui a fait, pendant quelque temps, admettre en physique un fluide lumineux distinct de celui auquel on attribuait les phénomènes de la chaleur ; c'est elle qui porte encore aujourd'hui à supposer deux fluides magnétiques différens des deux fluides électriques, quoiqu'il soit démontré que l'électricité, en se mouvant autour des particules des corps aimantés précisément comme elle se meut dans le conducteur voltaïque, et y exerçant par conséquent la même action, doit nécessairement produire des effets complètement identiques à ceux qu'on attribue à ce qu'on appelle *des molécules de fluide austral et de fluide boréal.*

Au reste, il ne faut pas perdre de vue, dans l'examen de ma théorie, ce fondement de toute physique déduite de l'expérience, sur lequel cette science repose depuis

Newton, et auquel elle doit tous les progrès que lui ont fait faire ses successeurs, en suivant avec tant de succès la route qu'il leur a tracée, savoir : que c'est des seuls résultats des expériences, réduits en lois générales analogues à celles de Kepler, qu'on doit conclure les formules sur lesquelles repose l'application des mathématiques à la physique, et non de quelques hypothèses qu'on s'est accoutumé à regarder comme devant servir exclusivement à l'explication des phénomènes, telle que l'hypothèse de Descartes, sur ce que tout devait être expliqué par l'impulsion, et celles des physiciens qui veulent que toute force attractive ou répulsive entre deux particules soit nécessairement proportionnelle à une fonction de leur distance, quelles que soient d'ailleurs les circonstances qui donnent naissance à cette force. Rien de plus simple cependant que de concevoir qu'une force qui n'existe entre deux particules que pendant que les deux fluides électriques s'y séparent ou s'y combinent ensemble, et doit être considérée comme émanant du fait de leur séparation ou de leur réunion en fluide neutre, dépende des directions suivant lesquelles il a lieu dans chacune de ces particules.

C'est parce que je suis intimement convaincu que c'est de l'expérience seule qu'on doit déduire les lois de phénomènes et les valeurs analytiques des forces qui les produisent, que je n'ai mêlé aucune considération théorique à la marche purement expérimentale que j'ai suivie dans la détermination de ma formule. J'ai suffisamment indiqué, dans le Mémoire que je lus à l'Académie le 6 novembre 1820 (1), la manière dont je

(1) *Recueil d'Observ. électro-dynamiques*, p. 213-215.

concevais que les attractions et répulsions électro-dynamiques étaient dues aux mouvemens communiqués à l'éther par les courans électriques des deux fils entre lesquels on observe ces forces; mais, soit que cette opinion soit fondée ou qu'elle ne le soit pas, c'est uniquement des résultats des expériences qu'on doit tirer la formule qui les représente, en suivant la marche qui m'y a conduit, et qui est exposée dans le Mémoire que j'ai lu à l'Académie le 10 juin 1822 (1).

La dynamique des fluides, en tenant compte de toutes les circonstances physiques qui en accompagnent les mouvemens, est bien loin encore du degré de perfection où il faudrait qu'elle fût pour que l'on pût calculer la valeur de la force qui doit résulter, entre deux élémens de courans électriques, des mouvemens que ces courans impriment à l'éther : si l'on y parvient un jour, on ne peut guère douter qu'on n'en déduise précisément ma formule, comme M. Cauchy a tiré la formule de M. Fourier relative à la propagation de la chaleur dans les corps, de la considération des mouvemens vibratoires de leurs particules quand on suppose qu'elles sont dépourvues d'élasticité. Déjà la loi de l'égalité d'action entre un élément de courant électrique et la somme des actions de ses trois projections, loi qui sert de base à ma formule, est une suite nécessaire de l'hypothèse dont je parle; mais quand on aurait ainsi obtenu ma formule par des considérations purement théoriques, elle n'en

---

(1) *Annales de Chimie et de Physique*, t. xx, p. 398-419; et *Recueil d'Observations électro-dynamiques*, p. 293-316.

serait pas plus certaine, puisque la manière purement expérimentale dont je l'ai établie, et l'accord des conséquences que j'en ai déduites avec les faits, suffisent pour la démontrer complètement.

(C) Nous avons à examiner ici l'action et la réaction de deux particules considérées chacune comme un système de points ou molécules qui attirent ou repoussent les points de l'autre système, en supposant que la distance des deux systèmes est très-grande relativement aux espaces qu'ils occupent, et en admettant, suivant le troisième axiome des principes mathématiques de la philosophie naturelle, axiome sur lequel repose toute la mécanique, que l'action et la réaction de chacune des molécules de l'un sur une molécule de l'autre sont dirigées suivant la droite qui les joint, et sont égales et opposées.

Supposons d'abord que chacun des deux systèmes soit composé de molécules de même espèce, c'est-à-dire que celles de l'un agissent toutes par attraction ou toutes par répulsion sur celles de l'autre, avec des forces proportionnelles à leurs masses; soient M, M', M'', etc. (fig. 13), les molécules qui composent le premier, et m une quelconque de celles du second, en composant successivement toutes les actions ma, mb, md, etc., exercées par M, M', M'', etc. sur m, on obtiendra les résultantes partielles mc, me, etc., et l'on parviendra enfin à une dernière résultante appliquée au point m, et qui passera à-peu-près par le centre d'inertie du système des particules M, M', M'', etc. En raisonnant de même relativement aux autres molécules du second système, on trouvera que les résultantes correspondantes passeront aussi toutes très-près du centre d'inertie du premier système, et auront une résultante générale qui passera aussi à-peu-près par le centre d'inertie du second : nous nommerons *centres d'action* les deux points extrêmement voisins des centres respectifs d'inertie des deux systèmes par lesquels passe cette résultante générale, il est évident qu'elle ne tendra, à cause des petites distances où ils sont des centres d'inertie, à imprimer à chaque système qu'un mouvement de translation.

Supposons, en second lieu, que les molécules du second système restant toutes de même nature, celles du premier soient les unes attractives et les autres répulsives à l'égard de ces molécules du second système, les premières donneront une résultante of (fig. 14), passant par leur centre d'action N, et par le centre d'action o de l'autre système : de même, les particules répulsives donneront une résultante oe, passant par leur centre d'action P et par le même point o : la résultante générale fera donc la diagonale og; et comme elle passe à-peu-près par le centre d'inertie du second système, elle ne tendra encore à lui imprimer qu'un mouvement de translation. Cette résultante est d'ailleurs dans le plan mené par les trois centres d'action o, N, P, et quand les molécules attractives sont en même nombre que les révulsives, et agissent avec la même intensité, sa direction est, en outre, perpendiculaire à la droite oO qui divise l'angle PoN en deux parties égales.

Considérons enfin le cas où les deux systèmes seraient composés l'un et l'autre de molécules d'espèces différentes. Soient N et P (fig. 15) les centres d'action respectifs des molécules attractives et répulsives du premier, soient n et p les centres correspondans du second, de sorte qu'il y ait attraction entre N et p, ainsi qu'entre n et P, et qu'il y ait répulsion entre N et n, de même qu'entre P et p. Les actions combinées de N et P sur p donneront une résultante dirigée suivant la diagonale pe : semblablement, les actions de N et p sur n donneront une résultante nf. Pour avoir la résultante générale, on prolongera ces deux lignes jusqu'à leur rencontre en o, et prenant $oh = pe$, et $ok = nf$, la diagonale ol sera la résultante cherchée qui donnera l'action exercée par le système P, N sur le système p, n.

Mais comme le point o ne fait pas partie du système p, n, il faudra concevoir qu'il y soit lié d'une manière invariable sans l'être au système P, N, et la force ol tendra généralement, en vertu de cette liaison, à opérer sur p, n un mouvement de translation et un mouvement de rotation autour de son centre d'inertie.

Examinons maintenant les réactions exercées par le second système sur le premier : nous les obtiendrons en composant successivement des forces égales et directement opposées aux actions des particules du premier système sur celles du second ; d'où il suit que la réaction totale se trouvera toujours égale et directement opposée à l'action totale.

Ainsi, dans le premier cas, la réaction sera représentée par la ligne $m\varepsilon$ (fig. 13) égale et opposée à la résultante me, et que l'on pourra supposer appliquée au centre d'action du premier système qui se trouve sur sa direction ; d'où il suit qu'en négligeant toujours la petite différence de situation du centre d'action et du centre d'inertie, on n'aura encore ici qu'un mouvement de translation.

Dans le second cas, la réaction sera représentée par la ligne $o\gamma$ (fig. 14), égale et opposée à mg. Mais comme le point o n'appartient pas au premier système, et que généralement celui-ci ne sera pas traversé par la direction $o\gamma$, il faudra concevoir que ce point o soit lié invariablement au premier système sans l'être au second, et, par cette liaison, la force $o\gamma$ tendra généralement à opérer sur le système P, N un double mouvement de translation et de rotation. Au reste cette force sera comme og dans le plan PoN, et lorsque les molécules attractives sont en même nombre que les répulsives et agissent avec la même intensité, sa direction sera de même perpendiculaire à oO.

Enfin, dans le troisième cas, la réaction sera représentée par la ligne $o\lambda$ (fig. 15), égale et opposée à la résultante ol, et appliquée comme elle au point o. Pour avoir l'action de ol sur p, n, nous avons conçu tout-à-l'heure que ce point o était lié au second système sans l'être au premier. Pour avoir maintenant la réaction, nous concevrons la force $o\lambda$ appliquée en un point situé en o et lié au premier système sans l'être au second. Cette force tendra encore généralement à opérer sur P, N un double mouvement de translation et de rotation.

Si l'on compare ces résultats avec les indications de l'expérience, relativement aux directions des forces qui s'exercent dans les trois genres d'action que nous avons distingués plus haut, on verra aisément que les trois cas que nous venons d'examiner leur correspondent exactement. Lorsque deux élémens de conducteurs voltaïques agissent l'un sur l'autre, l'action et la réaction sont, comme dans le premier cas, dirigées suivant la droite qui joint ces deux élémens; quand il s'agit de la force qui s'exerce entre un élément de fil conducteur et une particule d'aimant contenant deux poles d'espèces opposées, qui agissent en sens contraire, avec des intensités égales, l'action et la réaction sont, comme dans le second, dirigées perpendiculairement à la droite qui joint les deux points matériels entre lesquels elles s'exercent; et deux particules d'un barreau aimanté, qui ne sont elles-mêmes que deux très-petits aimans, agissent l'une sur l'autre d'une manière plus compliquée, semblable à celle que présente le troisième cas, et dont on ne peut de même rendre raison qu'en la considérant comme le résultat de quatre forces, deux attractives et deux répulsives : on peut aisément juger, d'après cette simple réflexion, laquelle de ces trois sortes d'actions doit être considérée comme la force élémentaire, dans le sens que nous avons dit, au commencement de la note précédente, qu'on devait, en physique, donner à ce mot.

FIN.

De l'Imprimerie de FEUGUERAY, rue du Cloître-Saint-Benoît, n° 4.

Fig. 1.

Fig. 2.

Fig. 3.

Fig. 4.

Fig. 5.

Fig. 6.

Fig. 7.

Fig. 8.

Fig. 9.

Fig. 10.

Fig. 11.

Fig. 12.

Fig. 13.

Fig. 14.

Fig. 15.

...e par Adam

www.ingramcontent.com/pod-product-compliance
Ingram Content Group UK Ltd.
Pitfield, Milton Keynes, MK11 3LW, UK
UKHW021312190726
13839UKWH00007B/1198

9 782329 469638